Lucie Rivest

Je révise
avec mon enfant

Mathématique

2e année

TRÉCARRÉ

Composition et mise en pages :
   Ateliers de typographie Collette inc.

Conception et réalisation de la couverture :
   Cyclone Design Communications

Illustrations :
   Sylvie Nadon

Révision linguistique :
   Marie-Rose Vianna

Correction d'épreuves :
   Diane Legros

ISBN 2-89249-729-9

Dépôt légal – 1er trimestre 1998
Bibliothèque nationale du Québec

Imprimé au Canada

Éditions du Trécarré
Saint-Laurent (Québec) Canada
   02 03 04 01 00 99 98

TABLE DES MATIÈRES

MATHÉMATIQUE

TABLE DES MATIÈRES

MOT DE L'AUTEURE

Éduquer et instruire un enfant...voilà une mission fort exigeante, autant pour les parents que pour les éducateurs. Si le personnel enseignant a pour tâche d'instruire l'enfant qu'on lui confie durant l'année scolaire, celle des parents n'est-elle pas de soutenir leur enfant au cours de ses apprentissages, de lui donner la chance d'assimiler ses nouvelles connaissances et de lui permettre de les transférer rapidement dans la « vraie vie » ? Toutes les études le confirment : plus l'enfant est secondé par ses parents, plus sa motivation sera grande d'apprendre, de retenir et de comprendre le monde qui l'entoure. Lire les panneaux publicitaires pendant une ballade en auto, décoder quelques gros titres du journal ou de votre livre de recettes préférées, calculer en un clin d'œil votre menue monnaie, voilà un bon début pour rendre autonome tout enfant et fiers... tous les parents.

De quelle manière les parents peuvent-ils prendre part au processus d'apprentissage de leur enfant à la maison sans nuire au travail de l'enseignant ou de l'enseignante en classe ?

Pour aider votre enfant à assimiler les matières scolaires, il est important de prendre connaissance des objectifs pédagogiques des programmes élaborés par le ministère de l'Éducation du Québec (M.E.Q.). Vous trouverez donc dans ce livre, les objectifs pédagogiques en mathématique que votre enfant doit atteindre en deuxième année. Vous découvrirez des exercices succincts et intéressants à effectuer avec votre enfant. Ces activités vous permettront de jauger ses forces et ses faiblesses dans la matière à l'étude. À cela sont ajoutés quelques « trucs » et « rappels » qui aideront à intégrer et à réinvestir dans des activités quotidiennes les notions apprises.

Cet outil pédagogique ne tente nullement de remplacer les manuels scolaires ni de suppléer au travail de l'enseignant ou de l'enseignante. Nous l'avons conçu dans l'intention de vous aider à consolider les acquis de votre enfant et à dépister ses difficultés d'apprentissage s'il y a lieu. Bref, cet ouvrage n'a d'autre but que de faire franchir à votre enfant sa deuxième année scolaire avec joie et succès.

Lucie Rivest

Orthopédagogue, **Lucie Rivest** travaille depuis fort longtemps dans le domaine de l'éducation et a acquis au fil des ans une vaste expérience des différentes clientèles scolaires. Elle a produit des guides pédagogiques pour les enseignants, conçu des cahiers d'apprentissage pour les élèves en difficulté et a élaboré des programmes d'enrichissement pour ceux et celles qui s'ennuient à l'école (et elle en a rencontré quelques-uns...).

COMMENT UTILISER CE LIVRE ?

Cet ouvrage renferme les principaux objectifs du programme de mathématique pour la 2e année. Pourquoi pas tous ? Parce que nous n'espérons pas que votre cuisine se transforme en salle de classe. Pendant la journée, votre enfant va à l'école et y apprend la matière enseignée. Le soir venu, il ne tient pas à retourner en classe, mais les quelques exercices faits sous vos yeux vous apprendront s'il a compris cette matière ou s'il a besoin d'aide.

Ce livre comprend trois parties :

NUMÉRATION

GÉOMÉTRIE

MESURES

Chacune des parties se divise en séries d'activités qui correspondent aux objectifs du ministère de l'Éducation, pour un total de 11 séries d'activités.

Au début de chaque série d'activités, une page est réservée aux parents. On y indique les notions révisées, les objectifs poursuivis et les stratégies employées dans les exercices. Vérifiez d'abord si l'enfant a reçu cet enseignement spécifique en classe. Ce n'est qu'à cette condition qu'il sera apte à **réviser** en votre compagnie. Dans ces mêmes pages, tout au long de l'ouvrage, vous trouverez un « conseil pratique » de l'auteure soit sur un sujet général, soit sur la matière vue dans les exercices qui suivent.

Enfin, si vous doutez des réponses à certains exercices ou si la terminologie ne vous est pas familière, recourez au corrigé et au lexique qui se trouvent à la fin du volume.

MATHÉMATIQUE

MATHÉMATIQUE

Notions révisées

- La numération de 1 à 10
- L'ordre croissant des nombres de 1 à 10
- Le nombre qui précède et qui suit un autre nombre
- Les ensembles
- L'appartenance à un ensemble
- L'estimation des longueurs
- Les diagrammes
- Les graphiques

OBJECTIFS	STRATÉGIES
NUMÉRATION	
Déterminer si un élément appartient ou non à un ensemble (se familiariser avec le diagramme d'Euler-Venn).	Utiliser le diagramme de Venn.
Écrire un ensemble de nombres en ordre croissant.	Relier des points allant du plus petit au plus grand nombre.
Trouver un nombre qui vient immédiatement avant ou après un autre nombre.	Compléter une série de nombres.
GÉOMÉTRIE	
Se familiariser avec les graphiques.	Compléter un graphique.
MESURES	
Estimer et mesurer la longueur d'un objet.	Mesurer approximativement des objets.

CONSEIL PRATIQUE

Aidez votre enfant à gérer son stress : organisez votre horaire de telle manière qu'il ne se sente jamais en retard dans ses devoirs et leçons et dans ses rendez-vous. Il développera ainsi une gestion efficace de son temps.

CALCULONS ENSEMBLE
Mes activités de l'été

ballons

bouée de
sauvetage

bateau

camion

bicyclette

corde
à danser

petit canard

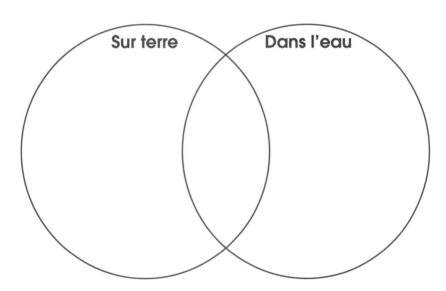

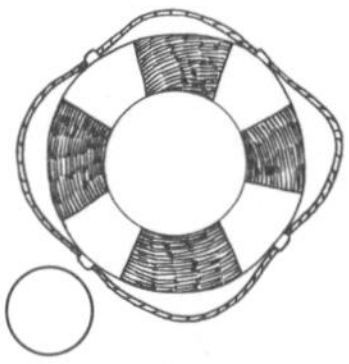

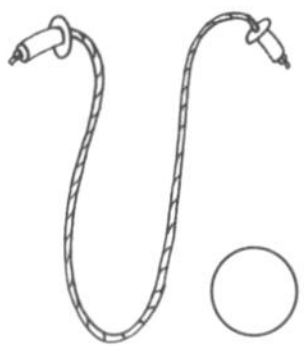

Sur terre — Dans l'eau

1. a) Numérote chaque illustration ci-dessus.

   b) Inscris ces numéros dans le diagramme à l'endroit
      approprié.

3

c) Quelle activité as-tu inscrite au centre du diagramme ? _____

   Pourquoi ? _____

d) Combien comptes-tu d'activités qui se pratiquent au sol ? ___ dans l'eau ? ___

e) Quelles sont les activités que tu ne pratiques pas ? Inscris les numéros : ___ ___ ___ ___ ___ ___

2. Relie les points suivants dans l'ordre croissant.

3. Complète en ordre croissant la collection de seaux ci-dessous.

_____ _____   _____

_____ _____ _____   _____

4. Écris le nombre qui précède et celui qui suit chaque nombre ci-dessous.

_____ 8 _____   _____ 5 _____   _____ 2 _____

_____ 4 _____   _____ 9 _____   _____ 3 _____

5. Place les nombres suivants en ordre croissant.

a) 10, 9, 8 _____

b) 1, 4, 6, 7 _____

c) 7, 1, 3, 2, 5 _____

d) 1, 10, 8, 2, 4, 5 _____

e) 7, 5, 9, 8, 2, 3, 6 _____

FAISONS DE LA GÉOMÉTRIE

1. Les rencontres à la baignade

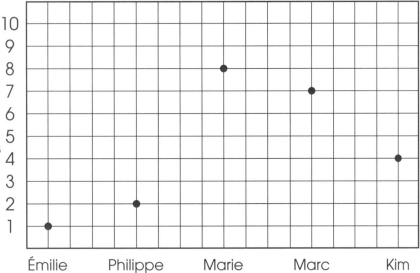

a) Observe le graphique ci-dessus. Trouve combien de fois par semaine chaque enfant se baigne.

Émilie : _____

Philippe : _____

Marie : _____

Marc : _____

Kim : _____

b) Qui va se baigner le plus souvent ? _____

c) Qui va se baigner le moins souvent ? _____

d) Place, par ordre croissant, le nombre de baignades de tes amis.

_____ _____ _____ _____ _____

MESURONS ENSEMBLE

1. Mesure à l'aide d'un crayon la longueur et la largeur d'un livre de contes.

a) Quelle est la mesure de sa longueur ? _____ crayon(s)

b) Quelle est la mesure de sa largeur ? _____ crayon(s)

PAGE ENFANT

> **TRUC**
>
> Essayez de mesurer le livre de contes avec un autre objet (autre livre, carte à jouer, domino, etc.).

2. Coupe une ficelle à la longueur de ton choix. Mesure les objets ci-dessous avec la ficelle. Entoure le symbole exact dans le tableau.

\> veut dire «plus long que ta ficelle».
\< veut dire «moins long que ta ficelle».
= veut dire «égal à ta ficelle».

a) ton toutou	>	<	=
b) ta bicyclette	>	<	=
c) ton maillot de bain	>	<	=
d) ta serviette de plage	>	<	=
e) ton ballon	>	<	=

MATHÉMATIQUE

Notions révisées

- La numération de 10 à 20
- L'ordre croissant des nombres de 10 à 20
- L'addition
- La soustraction
- L'opération des nombres 12 et 13
- Les frontières et les régions
- Les sous-ensembles
- L'appartenance à un ensemble

OBJECTIFS	STRATÉGIES
NUMÉRATION	
Décrire les sous-ensembles.	Relier les points allant du plus petit au plus grand nombre.
Écrire un ensemble de nombres en ordre croissant.	Compléter une série de nombres.
Trouver le terme manquant dans une opération d'addition.	Effectuer des exercices.
Effectuer des additions et des soustractions.	Effectuer des exercices.
GÉOMÉTRIE	
Rechercher et construire des lignes et des régions.	Tracer au crayon de couleur les lignes et régions demandées.
Distinguer l'extérieur et l'intérieur d'un objet ou d'une figure.	Travailler sur des figures géométriques.

ACTIVITÉ **2**

CALCULONS ENSEMBLE

Ma visite au zoo

Voici un groupe d'oiseaux de basse-cour.

1. Numérote chaque oiseau en lui attribuant un nombre de 1 à 20.

2. a) Calcule le nombre d'oeufs pondus par les poules après quelques jours.

	Cocotte	Coquette	Grisette	Blanchette	Finesse
1er jour	4	2	1	5	3
2e jour	2	1	5	2	1
3e jour	1	2	3	3	2
Total					

b) Quelle poule a pondu le plus d'oeufs ? _____

3. Complète les équations suivantes.

a)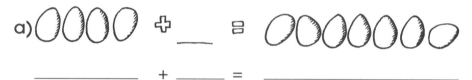

_____ + _____ = _____

b) $\bigcirc\bigcirc$ ✚ ___ ⊟ $\bigcirc\bigcirc\bigcirc\bigcirc$

_____ + _____ = _____

c) ___ ✚ $\bigcirc\bigcirc\bigcirc\bigcirc\bigcirc\bigcirc$ ⊟ $\bigcirc\bigcirc\bigcirc\bigcirc\bigcirc\bigcirc\bigcirc\bigcirc\bigcirc$

___ + _____ = _____

4. Complète les équations suivantes.

a) Les éléphants

_____ + _____ = 12

b) Les lions

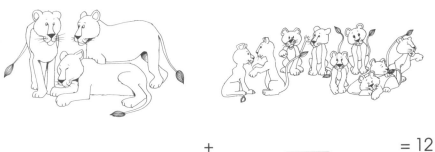

_____ + _____ = 12

c) Les chèvres

_____ + _____ = 13

d) Les lapins

_____ + _____ = 13

5. Résous l'équation suivante au moyen de la droite numérique.

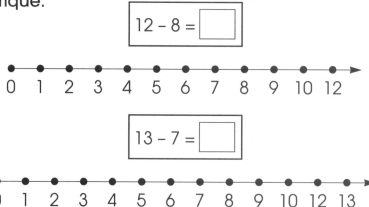

$12 - 8 =$ ☐

0 1 2 3 4 5 6 7 8 9 10 12

$13 - 7 =$ ☐

0 1 2 3 4 5 6 7 8 9 10 12 13

FAISONS DE LA GÉOMÉTRIE

1. a) Trace un **X** rouge sur l'enclos non fermé.

   b) Trace un **X** vert sur toutes les lignes fermées.

   c) Colorie en jaune les wapitis emprisonnés à l'intérieur des enclos.

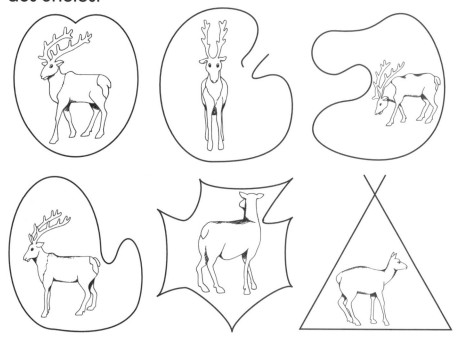

2. Dans quelles figures peux-tu tracer un **X** qui soit à la fois à l'intérieur du cercle et à l'extérieur de l'enclos?

a)    b)   c)

Notions révisées

- La numération de 20 à 30
- L'ordre croissant des nombres de 20 à 30
- L'addition
- La soustraction
- L'estimation des mesures
- Les figures géométriques
- Les diagrammes

OBJECTIFS	STRATÉGIES
NUMÉRATION	
Écrire un ensemble de nombres en ordre croissant.	Compléter un dessin par des nombres croissant.
Effectuer des additions dont le premier terme est = ou < à 18.	Effectuer des exercices.
Trouver le terme manquant dans une opération d'addition.	Effectuer des exercices.
Effectuer des soustractions dont le premier terme est = ou < à 18.	Effectuer des exercices.
Se familiariser avec les diagrammes.	Compléter un diagramme.
MESURES	
Estimer et comparer des longueurs.	Mesurer différents objets avec un mètre.
GÉOMÉTRIE	
Classifier un ensemble d'objets selon leurs formes.	Comparer des objets à des figures géométriques.

CONSEIL PRATIQUE

Aidez votre enfant à développer de bonnes habitudes : trois repas par jour et des heures de sommeil suffisantes. Un bain relaxant avant le coucher fait souvent des merveilles.

CALCULONS ENSEMBLE

Un pique-nique en famille

1. Complète le dessin suivant en reliant les nombres par ordre croissant.

2. Complète les équations suivantes :

a) 10 carottes   +   10 carottes + 1 carotte   = _____

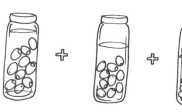

b) 10 olives + 10 olives + 9 olives = _____

> **TRUC**
>
> Lors d'une collation, placer dans une assiette des ensembles de carottes et de céleri.

3. Lis le problème et complète les opérations ci-dessous.

a) Maman a 5 bâtonnets de carottes et 5 bâtonnets de céleri, papa a 6 bâtonnets de carottes et 3 bâtonnets de céleri, bébé a 7 petites carottes et 2 bâtonnets de céleri et moi j'ai 7 bâtonnets de carottes et 3 de céleri.

maman
carottes + céleri = légumes
5 + 5 = ____

papa
carottes + céleri = légumes
6 + ____ = ____

moi
carottes + céleri = légumes
____ + ____ = ____

bébé
carottes + céleri = légumes
____ + ____ = ____

b) Combien avons-nous de bâtonnets de légumes en tout ?

_____ + _____ + _____ + _____ = _____
    papa   maman   moi   bébé

4. Lis le texte et complète le graphique. Tu obtiendras le goûter de chacun.

Maman a pour collation un sandwich, du céleri et un jus. Papa a tout entassé dans sa boîte à lunch. Bébé a des carottes et un jus de pomme. Moi, j'ai un sandwich et un jus.

	papa	maman	moi	bébé
(sandwich)				
(carottes)				
(raisins/olives)				
(céleri)				
(jus)				

5. Résous les problèmes suivants.

a) Si maman a 10 légumes et en mange 5, combien lui en reste-t-il ?

_____ légumes.

b) Si papa a 9 légumes et en mange 2, combien lui en reste-t-il ?

_____ légumes.

c) Si j'ai 9 légumes et que j'en mange 9, combien m'en reste-t-il ?

_____ légumes.

d) Si bébé a 10 légumes et en mange 1, combien lui en reste-t-il ?

_____ légumes.

MESURONS ENSEMBLE

Coupe une corde de un mètre de longueur et trouve des objets qui correspondent à cette mesure.

1. Évalue si les objets suivants sont > ou < que la corde de un mètre. Coche la bonne réponse.

	>	<
un réfrigérateur		
une boîte à lunch		
une boîte de jus		
une table à pique-nique		
un sandwich		

FAISONS DE LA GÉOMÉTRIE

1. À quelle figure correspondent les aliments suivants ?
   Relie-les par une flèche.

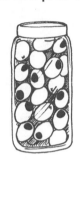

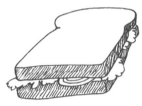

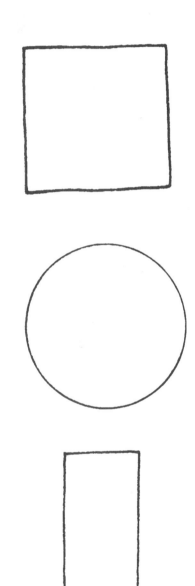

MATHÉMATIQUE

Notions révisées

- La numération de 30 à 50
- L'addition
- La soustraction
- Les symboles
- Les figures géométriques

OBJECTIFS	STRATÉGIES
NUMÉRATION	
Écrire un ensemble de nombres en ordre croissant.	Compléter une série de nombres.
Effectuer des additions.	Effectuer des exercices.
Estimer et vérifier le résultat d'une opération.	Effectuer des exercices et problèmes.
Effectuer des soustractions.	Effectuer des exercices et problèmes.
MESURES	
Estimer et comparer des longueurs.	À l'aide d'un mètre, mesurer différents objets.
GÉOMÉTRIE	
Classifier un ensemble d'objets selon leurs formes.	Comparer des objets à des figures géométriques.

CONSEIL PRATIQUE

Offrez à votre enfant un milieu propice au travail. Autant que faire se peut, évitez de vous installer dans la cuisine, le salon, la salle de jeux ou tout autre endroit fréquenté peu favorable à la concentration. Installez dans sa chambre une table ou un pupitre sur lequel il pourra déposer et laisser ses effets scolaires ainsi qu'une chaise confortable. Pensez à lui fournir l'éclairage qui facilitera la lecture et l'écriture.

CALCULONS ENSEMBLE

La cueillette de fruits

1. Résous le problème suivant.

   Dans 2 jours nous irons aux pommes.
   Nous sommes le 7 octobre. À quelle date irons-nous ?

   _____ + _____ = _____

2. Complète les équations suivantes.

   _____ + 5 = 9

   _____ + 6 = 9

   7 + _____ = 9

   _____ + _____ = 9

3. Vrai ou Faux ?

	VRAI	FAUX
5 + 6 = 9		
4 + 3 = 9		
1 + 2 + 7 = 9		
4 + 1 + 3 = 9		

4. Calcule les sommes suivantes.

   Ex.: $\begin{array}{r} 12 \\ +14 \\ \hline 26 \end{array}$ $= \begin{array}{r} 10 + 2 \\ 10 + 4 \\ \hline 20 + 6 \end{array} = \boxed{26}$

a)   13 = _____ + _____

+ 14 = _____ + _____
_____

_____   _____ + _____ = ☐

b)   15 = _____ + _____

+ 12 = _____ + _____
_____

_____   _____ + _____ = ☐

5. Complète les paniers de pommes en écrivant les nombres inférieurs à 50.

6. Résous les problèmes suivants en te basant sur l'exemple donné.

Ex. : 33 − 18 = ☐ 15

$$\begin{array}{c} 30 + 3 \\ ^-\ \underline{10 + 8} \end{array} = \begin{array}{c} 20 + 13 \\ ^-\ \underline{10 + \ 8} \\ 10 + \ 5 \end{array} = \boxed{15}$$

Combien de pommes te restera-t-il ?

a) 46 – 29 = ☐

$$\frac{\underline{\quad} + \underline{\quad}}{- \underline{\quad} + 9} = \frac{\underline{\quad} + \underline{\quad}}{- \underline{\quad} + \underline{\quad}}$$

$$\underline{\quad} + \underline{\quad} = ☐$$

b) 37 – 19 = ☐

$$\frac{\underline{\quad} + \underline{\quad}}{- \underline{\quad} + 9} = \frac{\underline{\quad} + \underline{\quad}}{- \underline{\quad} + \underline{\quad}}$$

$$\underline{\quad} + \underline{\quad} = ☐$$

c) 28 – 19 = ☐

$$\frac{\underline{\quad} + \underline{\quad}}{- \underline{\quad} + 9} = \frac{\underline{\quad} + \underline{\quad}}{- \underline{\quad} + \underline{\quad}}$$

$$\underline{\quad} + \underline{\quad} = ☐$$

MESURONS ENSEMBLE

1. Examine une règle de un mètre. Compare ce mètre avec les dimensions suggérées par les dessins. Complète le tableau.

DIMENSION	PLUS GRAND QUE UN MÈTRE (>)	MOINS GRAND QUE UN MÈTRE (<)

2. Dessine dans chacun des ensembles 3 objets qui ont la grandeur suggérée.

plus grand que un mètre **>**   plus petit que un mètre **<**

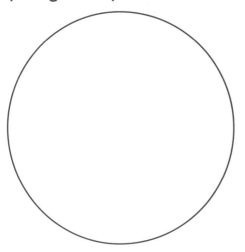 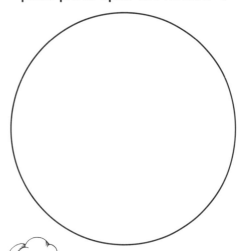

FAISONS DE LA GÉOMÉTRIE

1. a) Colorie en rouge tous les objets qui ressemblent à un rectangle.

   b) Colorie en bleu tous les objets qui ressemblent à un cercle.

   c) Colorie en jaune tous les objets qui ressemblent à un carré.

   d) Colorie en vert tous les objets qui ressemblent à un triangle.

MATHÉMATIQUE

Notions révisées

- La numération de 50 à 80
- L'ordre croissant des nombres
- Le calcul par 3
- L'addition
- La soustraction
- Les symboles =, <, >
- La symétrie

OBJECTIFS	STRATÉGIES
NUMÉRATION	
Écrire un ensemble de nombres en ordre croissant.	Compléter une série de nombres.
Effectuer des additions.	Effectuer des exercices.
Estimer et vérifier le résultat d'une opération.	Effectuer des exercices.
Effectuer des soustractions.	Effectuer des exercices.
Se familiariser avec les graphiques.	Utiliser un graphique pour effectuer des opérations.
Comparer des nombres à l'aide de symboles.	Effectuer des exercices avec les symboles =, <, >.
GÉOMÉTRIE	
Rechercher les axes de symétrie.	Se servir d'un miroir pour trouver l'axe de réflexion.

CONSEIL PRATIQUE

Dans les magasins, donnez de la monnaie à l'enfant afin qu'il puisse payer lui-même un article. Petit à petit, il apprendra à évaluer la monnaie à donner et celle à recevoir.

CALCULONS ENSEMBLE

Jouer avec les nombres

1. a) Complète la liste de nombres en ordre croissant.

50 ____ ____ ____ ____ 55 56 ____ ____

____ ____ 61 ____ ____ ____ ____ 66 ____

____ 69 ____ ____ 73 74 ____ ____

____ ____ ____ 80.

b) Entoure le nombre qui se trouve entre 55 et 57.

c) Colorie en bleu le nombre qui suit 69.

d) Fais un carré autour du nombre qui a 3 unités de plus que 66.

e) Fais un carré autour du nombre qui a 3 unités de plus que 69.

f) Fais un carré autour du nombre qui a 3 unités de plus que 74.

2. Complète les tableaux suivants.

+	8	7	5	4
2				
4				
5				

+	7	9	3	4
4				
5				
2				

–↙	7	8	9	6
2				
3				
1				

3. Place correctement les symboles <, > ou = .

a) 14 ◯ 7 + 7

b) 14 ◯ 13

c) $7 + 3 \bigcirc 8 + 6$

d) ⑤ ⑤ ◯ ① ①

e) ⑩ ⑩ ◯ ⑤ ⑤ ⑤ ⑤

4. Complète les tableaux en additionnant les nombres.

+	8	7	6
6			
5			
4			

6	6	7	8
6	2		
		6	6
14	14	14	14

5	6	4	
5	2		5
3			
13	13	13	13

6	6	3	
6	2		4
2			
14	14	14	14

5. Complète les équations suivantes.

a) _____ $+ 8 = 14$

b) _____ $+$ _____ $= 14$

c) _____ $+$ _____ $+$ _____ $= 14$

d) _____ $+ 7 = 13$

e) _____ $+$ _____ $= 13$

f) _____ $+$ _____ $+$ _____ $= 13$

FAISONS DE LA GÉOMÉTRIE

1. a) Complète le dessin par réflexion. Tu peux te servir d'un miroir.

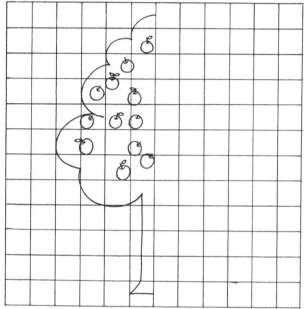

   b) Combien de pommes comptes-tu dans l'arbre complété ? _____

2. Trace la moitié d'un objet de ton choix. Fais-le compléter par réflexion par un de tes parents.

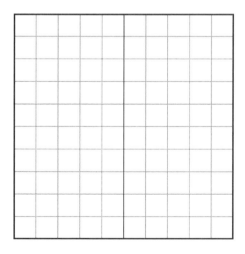

ACTIVITÉ 6

MATHÉMATIQUE

Notions révisées

- L'ordre croissant des nombres de 50 à 80
- L'ordre décroissant des nombres de 50 à 80
- Le nombre qui précède et qui suit un autre nombre
- L'appartenance à un ensemble
- L'addition de nombres plus petits que 80
- La soustraction de nombres plus petits que 80
- Les graphiques
- Des problèmes à résoudre
- Les figures géométriques : triangle, carré, cercle, rectangle

CONSEIL PRATIQUE

Insistez pour que votre enfant lise avec vous les consignes. Il évitera de donner des réponses fausses parce qu'il s'est fié aux dessins qui accompagnent la question plutôt qu'à la question elle-même.

OBJECTIFS	STRATÉGIES
NUMÉRATION	
Écrire un ensemble de nombres en ordre croissant et décroissant.	Effectuer des exercices sur les nombres.
Trouver un nombre qui précède ou suit immédiatement un autre nombre.	Effectuer des exercices sur les nombres.
Trouver un nombre qui se situe entre deux nombres.	Effectuer des exercices sur les nombres.
À partir d'un ensemble, construire un sous-ensemble.	Résoudre des problèmes.
Effectuer des additions et des soustractions.	Effectuer des exercices et problèmes.
GÉOMÉTRIE	
Classifier un ensemble d'objets selon leur forme.	Comparer des objets à des figures géométriques.
Rechercher des formes s'approchant du triangle, du carré, du cercle et du rectangle.	Colorier et identifier des figures géométriques.

MES COLLECTIONS

1. Relie les nombres en ordre croissant de 50 à 80.

2. Relie les nombres en ordre décroissant de 80 à 50.

3. Complète les séries de nombres suivants.

a) _____   60   _____

b) _____ _____   60   _____

c) _____   68   _____ _____

d) _____   70   _____ _____

e) 61 _____   63   _____   65   _____   67   _____

f) _____   75   _____   77   _____   79

> **TRUC**
>
> Encouragez votre enfant à compter souvent par 2. Cela développera une de ses habiletés intellectuelles.

4. Je partage ma collection de gommes à effacer.

	PAPA	MAMAN	MON FRÈRE	MOI
rouges	19	17	8	20
bleues	15	16	15	40
vertes	12	11	22	0
jaunes	14	12	29	14
mauves	18	21	6	5

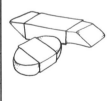

a) Combien de gommes à effacer chacun a-t-il reçues ?

papa : _____ + _____ + _____ + _____ + _____ = ☐

maman : _____ + _____ + _____ + _____ + _____ = ☐

frère : _____ + _____ + _____ + _____ + _____ = ☐

moi : _____ + _____ + _____ + _____ + _____ = ☐

b) Combien de gommes rouges papa a-t-il reçues?_____
Combien de gommes bleues papa a-t-il reçues?_____
Combien de gommes vertes maman a-t-elle
reçues? _____
Combien de gommes jaunes maman a-t-elle
reçues? _____
Combien de gommes mauves mon frère a-t-il
reçues? _____

c) Qui a reçu le plus de gommes à effacer?_____

d) Qui a reçu le moins de gommes à effacer?_____

e) Qui n'a pas reçu de gommes vertes?_____

5. Problèmes à résoudre.

a) Maman m'a offert 23 billes rouges, 18 billes bleues et
5 billes blanches. Combien de billes ai-je dans ma
collection?

Équation: _____ + _____ + _____ = _____

b) Mon ami Pierre a reçu en cadeau 50 macarons. Il
m'en a donné 33. Combien lui en reste-t-il?

Équation: _____ – _____ = _____

c) J'ai 25 balles à partager avec mes amis. Les garçons
reçoivent 11 balles, les filles en reçoivent 12. Combien
de balles me restera-t-il? _____

6. Remplis les tableaux suivants.

+	5	7
4		
5		
6		

–	14	10
7		
8		
9		

–	4	9
3		
4		
5		

FAISONS DE LA GÉOMÉTRIE

1. a) Colorie le triangle en bleu.

Colorie le cercle en vert.

Colorie le rectangle en rouge.

Colorie le carré en jaune.

b) Écris le nom de la figure géométrique sous chaque dessin.

c) Combien de côtés compte chaque figure ?

le _____

le _____

le _____

le _____

MATHÉMATIQUE

Notions révisées

- L'addition de nombres inférieurs à 100
- La soustraction de nombres inférieurs à 100
- L'addition et la soustraction mentale (15 et 16)
- Les nombres qui précèdent, suivent ou sont compris entre d'autres nombres
- Les solides : cube, cylindre, prisme rectangulaire, pyramide, sphère
- Le mètre

CONSEIL PRATIQUE

Votre enfant a-t-il bien compris les tables d'addition ? Maîtrise-t-il les tables de soustraction ? Distingue-t-il les éléments d'un problème afin d'en appliquer la logique et d'effectuer l'opération demandée ? Comprendre cette logique est primordial.

OBJECTIFS	STRATÉGIES
NUMÉRATION	
Effectuer mentalement des additions dont le premier terme est inférieur à 16.	Effectuer des exercices de calcul mental à l'aide de tableaux à compléter.
Effectuer mentalement des soustractions dont le premier terme est inférieur à 16.	Effectuer des exercices.
Trouver des nombres qui se situent avant, après ou entre deux autres nombres.	Effectuer des exercices.
Transposer en une expression mathématique un énoncé comportant une addition ou une soustraction.	Résoudre des problèmes mathématiques.
GÉOMÉTRIE	
Associer un solide à l'ensemble des figures à deux dimensions.	Écrire le nom du solide qui correspond à une forme et repérer des objets qui ont la forme de ces solides.
MESURES	
Estimer et mesurer à un mètre près la longueur d'un objet.	Comparer des objets entre eux.

CALCULONS ENSEMBLE

Combien ai-je de billes ?

1. Complète les tableaux suivants.

a)

+	7	6	5
8			
9			
7			

b)

-↱	3	4	5
15			
16			
14			

2. a) Trouve 3 nombres compris entre 64 et 80.

_____ _____ _____

b) Trouve 3 nombres qui viennent après 45.

45 _____ _____ _____

c) Trouve 3 nombres qui viennent avant 68.

_____ _____ _____ 68

d) Parmi les nombres compris entre 60 et 80, écris ceux qui viennent avant 65.

_____

3. Résous les problèmes suivants.

a) Mon amie a 45 billes. Elle en donne 5 à Fatma, 4 à Pierre, 8 à Vladimir. Combien de billes lui restera-t-il ?

_____

b) À la première partie de billes, Benoît a gagné 23 billes. À la deuxième partie, Pierre a gagné 45 billes. Combien de billes Pierre a-t-il de plus que Benoît ?

_____

4. Complète les équations suivantes.

a) 15 – _____ = 9   f) 15 – _____ = 4

b) 15 – _____ = 8   g) 15 – _____ = 3

c) 15 – _____ = 7   h) 15 – _____ = 2

d) 15 – _____ = 6   i) 15 – _____ = 1

e) 15 – _____ = 5

5. Complète les équations suivantes.

a) 16 – _____ = 9   f) 16 – _____ = 4

b) 16 – _____ = 8   g) 16 – _____ = 3

c) 16 – _____ = 7   h) 16 – _____ = 2

d) 16 – _____ = 6   i) 16 – _____ = 1

e) 16 – _____ = 5

6. Relie 3 carrés dont la somme des nombres égale 16.

1	10	5	8	2	6	6	4
11	1	10	9	4	8	8	1
5	10	1	2	2	6	1	3
3	7	6	3	12	1	8	12
13	1	6	9	2	9	9	1
2	5	3	4	3	7	4	8
1	7	3	12	1	4	8	9
2	10	4	11	3	2	4	6

FAISONS DE LA GÉOMÉTRIE

1. Écris le nom du solide qui correspond à chacune des formes du tableau.

FORMES	NOMS DES SOLIDES

MESURONS ENSEMBLE

1. Indique si les objets suivants sont > ou < que un mètre.

   a) une cour d'école ☐

   b) un sac de billes ☐

   c) une bille ☐

2. Dessine un objet de la grandeur d'un mètre.

MATHÉMATIQUE

Notions révisées

- La numération de 80 à 100
- L'ordre croissant des nombres de 80 à 100
- L'addition de nombres inférieurs à 100
- La soustraction de nombres inférieurs à 100
- La résolution de problèmes
- La monnaie
- La symétrie des objets
- Le mètre, le décimètre, le centimètre

CONSEIL PRATIQUE

La qualité de la mémorisation est toujours meilleure lorsque la matière est revue à plusieurs reprises dans les premiers jours qui suivent l'apprentissage. Revenez souvent sur la matière enseignée récemment. Ainsi, vous stimulerez la mémoire de votre enfant.

OBJECTIFS	STRATÉGIES
NUMÉRATION	
L'ordre croissant des nombres de 80 à 100.	Effectuer des exercices.
Effectuer des additions et des soustractions dont le premier terme est inférieur à 100.	Effectuer des exercices.
Transposer en une expression mathématique un énoncé comportant une addition ou une soustraction.	Résoudre des problèmes mathématiques.
MESURES	
Estimer et mesurer des longueurs.	Comparer la longueur de différents objets.
GÉOMÉTRIE	
Trouver les axes de symétrie d'une figure.	Compléter des dessins symétriques par pliage, découpage, calque ou utilisation d'un miroir.

CALCULONS ENSEMBLE

Mon animal préféré

1. Relie les points en suivant l'ordre croissant.

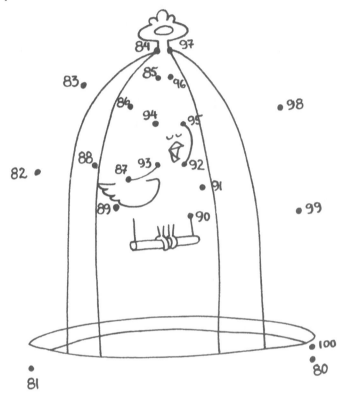

2. Résous les équations suivantes.

Ex. :
$$35 = 30 + 5$$
$$+ 17 = 10 + 7$$
$$40 + 12 = \boxed{52}$$

a)
$$35 = \underline{\hspace{1cm}} + \underline{\hspace{1cm}}$$
$$+ 46 = \underline{\hspace{1cm}} + \underline{\hspace{1cm}}$$
$$\underline{\hspace{1cm}} + \underline{\hspace{1cm}} = \boxed{}$$

b)
$$49 = \underline{\hspace{1cm}} + \underline{\hspace{1cm}}$$
$$+ 43 = \underline{\hspace{1cm}} + \underline{\hspace{1cm}}$$
$$\underline{\hspace{1cm}} + \underline{\hspace{1cm}} = \boxed{}$$

c)
$$63 = \underline{\hspace{1cm}} + \underline{\hspace{1cm}}$$
$$+ 24 = \underline{\hspace{1cm}} + \underline{\hspace{1cm}}$$
$$\underline{\hspace{1cm}} + \underline{\hspace{1cm}} = \boxed{}$$

3. Place en ordre croissant les résultats obtenus au numéro 2.

   _____ _____ _____

4. Résous le problème suivant.

   À l'animalerie, on peut acheter des chatons blancs à 35 $ chacun, des chatons noirs à 45 $ chacun, des chatons d'Espagne à 75 $ chacun.

   a) Quelle différence de prix y a-t-il :
      entre les chatons blancs et les chatons noirs ?

      équation : _____ – _____ = _____

      entre les chatons noirs et les chatons d'Espagne ?

      équation : _____ – _____ = _____

   b) Encercle la réponse juste.
      Avec 90 $, est-ce que j'ai assez d'argent pour acheter :

      2 chatons blancs ? oui non

      3 chatons noirs ?   oui non

5. Complète le tableau ci-dessous.

–↱	5	6	7
12			
14			
15			
18			

MESURONS ENSEMBLE

1. Trace un **X** sous l'unité de mesure qui correspond le plus à la mesure de l'objet à la page suivante.

> **R A P P E L**
> 10 cm = 1 dm
> 10 dm = 1m

> **TRUC**
>
> Trouvez avec l'enfant 3 objets courants (de un décimètre, de un centimètre et de un mètre) qui serviront de modèles auxquels il pourra toujours se référer.

	CM	DM	M
a) une règle de un mètre	____	____	____
b) le dessus d'une table	____	____	____
c) la hauteur d'un réfrigérateur	____	____	____
d) la largeur d'un livre	____	____	____
e) un pois dans la soupe	____	____	____
f) un couteau de cuisine	____	____	____

FAISONS DE LA GÉOMÉTRIE

1. Trace l'axe de symétrie des dessins suivants.

2. Complète les dessins suivants.

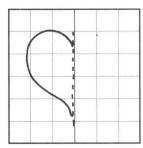

MATHÉMATIQUE

Notions révisées

- Le nombre qui précède et qui suit un autre nombre
- Les graphiques
- Les suites de nombres
- Les additions de nombres inférieurs à 100
- Les soustractions de nombres inférieurs à 100
- L'ordre croissant des nombres inférieurs à 100
- Les ensembles
- Les formes

CONSEIL PRATIQUE

Avec plusieurs enfants, organisez un concours de calcul mental dont le gagnant ou la gagnante sera celui ou celle qui aura été plus rapide. Attention ! Ne mettre en compétition que les enfants de même niveau.

OBJECTIFS	STRATÉGIES
NUMÉRATION	
L'ordre croissant des nombres de 80 à 100.	Effectuer des exercices.
Effectuer des additions et des soustractions dont le premier terme est inférieur à 100.	Effectuer des exercices.
Construire des suites.	Compléter des suites en comptant par 1,2 3, 5.
Construire un sous-ensemble.	Découvrir les propriétés commune à tous les éléments en se servant d'un tableau.
GÉOMÉTRIE	
Associer un objet à une forme géométrique.	Dessiner un objet qui a une forme géométrique.
MESURES	
Estimer la longueur d'un objet.	Comparer un objet à 1 cm, 1 dm et 1 m.

CALCULONS ENSEMBLE

Des *pogs* de toutes les couleurs...

1. a) Colorie en rouge les nombres supérieurs à 80.

   b) Colorie en vert les nombres inférieurs à 20.

   c) Colorie en jaune les nombres compris entre 37 et 63.

1	2	3	4	5	6	7	8	9	10
11	12	13	14	15	16	17	18	19	20
21	22	23	24	25	26	27	28	29	30
31	32	33	34	35	36	37	38	39	40
41	42	43	44	45	46	47	48	49	50
51	52	53	54	55	56	57	58	59	60
61	62	63	64	65	66	67	68	69	70
71	72	73	74	75	76	77	78	79	80
81	82	83	84	85	86	87	88	89	90
91	92	93	94	95	96	97	98	99	100

2. Réponds aux questions suivantes.

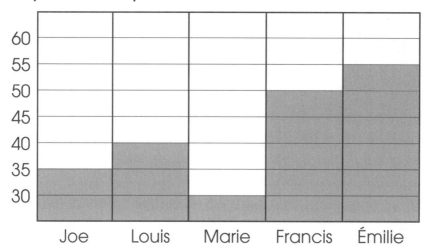

a) Combien de *pogs* a Joe ? _____

b) Combien de *pogs* a Louis ? _____

c) Combien de *pogs* a Marie ? _____

d) Combien de *pogs* a Francis ? _____

e) Combien de *pogs* a Émilie ? _____

f) Combien de *pogs* Joe a-t-il de plus que Marie ?

Équation : _____

g) Combien de *pogs* Louis a-t-il de moins qu'Émilie ?

Équation : _____

h) Classe les noms en ordre croissant (de ceux qui ont le moins de *pogs* à ceux qui ont le plus de *pogs*).

_____ _____ _____ _____ _____

_____ , _____ , _____ , _____ , _____ .

3. Émilie a acheté des *pogs* au magasin. Ils ont coûté 50 $. Ceux de Francis ont coûté 10 $ de moins que ceux d'Émilie. Marie a déboursé 25 $ de plus qu'Émilie et Joe, et Louis les a reçus en cadeaux.

Combien chacun a-t-il déboursé pour ses *pogs*.

Émilie : _____ $

Francis : _____ – _____ = _____ $
         Émilie

Joe : _____ $

Marie : _____ + _____ = _____ $

Louis : _____ $

4. Trouve la règle de chacune des suites de nombres ci-dessous. Complète les suites de nombres.

SUITES	RÈGLES
a) 15, 17, 19, 21, _____, _____, _____, _____	
b) 20, 25, 30, 35, _____, _____, _____, _____,	+ 5
c) _____, _____, _____, 21, 22, 23, 24, _____	
d) 40, 41, 43, 44, 46, _____, _____, _____, _____	+_____, +_____
e) _____, _____, 56, 59, _____, 65, _____, _____	

47

5. Voici deux sacs de *pogs*. Indique par une flèche dans quel sac on doit placer les *pogs*.

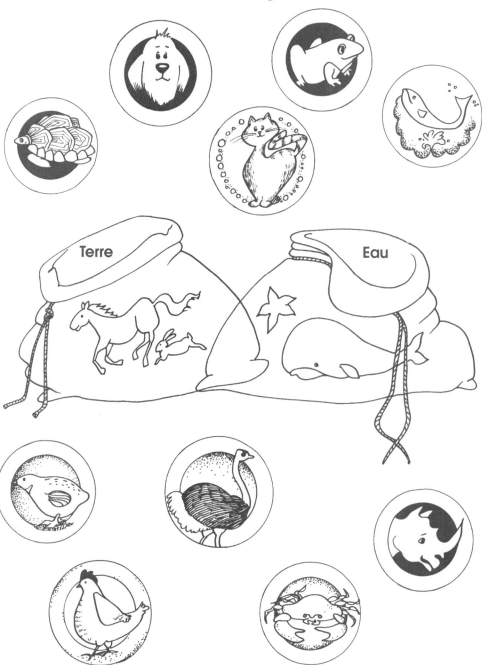

Terre

Eau

FAISONS DE LA GÉOMÉTRIE

1. a) Dessine un objet de ton choix qui ressemble à une forme géométrique.

    b) Écris le nom de la forme géométrique de cet objet.

      _____

      _____

2. Coche la réponse exacte.

    Mon objet est >, < ou = à :

    a) un dm   ☐

    b) un cm   ☐

    c) un mètre   ☐

MATHÉMATIQUE

Notions révisées

- Les suites de nombres
- L'addition de nombres inférieurs à 100
- La soustraction de nombres inférieurs à 100
- L'ordre croissant des nombres inférieurs à 100
- Les formes géométriques
- Les symboles < et >

CONSEIL PRATIQUE

Profitez des promenades avec votre enfant pour lui faire identifier les formes géométriques (à 2 ou 3 dimensions) d'objets courants : panneaux publicitaires (rectangle), feux de circulation (cercle), tuyaux d'arrosage (cylindre), etc. Votre enfant aura donc, le temps venu, plus de facilité à assimiler ces notions en classe.

OBJECTIFS	STRATÉGIES
NUMÉRATION	
Construire une suite de nombres en comptant par 2 et par 3.	Effectuer des exercices.
L'ordre croissant des nombres de 60 à 100.	Effectuer des exercices.
Effectuer des additions et des soustractions de nombres inférieurs à 100.	Résoudre des problèmes.
GÉOMÉTRIE	
Dessiner et construire les figures suivantes : carré, triangle, rectangle, cercle.	Tracer le contour des figures géométriques sur un plan.

CALCULONS ENSEMBLE

Je jongle avec les nombres

1. a) Trace en rouge le chemin des nombres en comptant par 2.

   b) Trace en bleu le chemin des nombres en comptant par 3.

60	62	79	64	93	66	
74	88	72	71	92	81	84
75	98	91	67	80	82	
83	61	77	96	99	85	89
95	90	65	68	87	94	
73	76	97	78	86	70	69
				63	100	

2. Complète les additions suivantes à l'aide des signes
   < ou >.

   a) 42 + 15 ☐ 50   c) 65 + 24 ☐ 67   e) 48 + 48 ☐ 38

   b) 53 + 22 ☐ 34   d) 35 + 29 ☐ 69

3. Complète les soustractions suivantes à l'aide des signes
   < ou >.

   a) 54 – 23 ☐ 40   c) 86 – 33 ☐ 60   e) 22 – 6 ☐ 10

   b) 88 – 21 ☐ 59   d) 78 – 42 ☐ 90

4. Calcule les sommes en utilisant l'exemple suivant.

Ex. :
$$\begin{aligned} 32 &= 30 + 2 \\ + \ 16 &= \underline{10 + 6} \\ 40 &+ 8 = \boxed{48} \end{aligned}$$

$$\begin{aligned} 34 &= \underline{\quad} + \underline{\quad} \\ + \ 18 &= \underline{\quad} + \underline{\quad} \\ \underline{\quad} &+ \underline{\quad} = \boxed{} \end{aligned}$$

$$\begin{aligned} 42 &= \underline{\quad} + \underline{\quad} \\ + \ 28 &= \underline{\quad} + \underline{\quad} \\ \underline{\quad} &+ \underline{\quad} = \boxed{} \end{aligned}$$

5. Relie les sommes ci-dessous aux bonnes additions.

28
+ 15

12
+ 39

16
+ 44

33
+ 29

57
+ 27

51

43

84

60

62

6. Complète le tableau ci-dessous.

−⌐	49	46	57	64	84	73
18						
30						
34						
29						

FAISONS DE LA GÉOMÉTRIE

7. a) Colorie en rouge tous les triangles.

   b) Colorie en bleu tous les carrés.

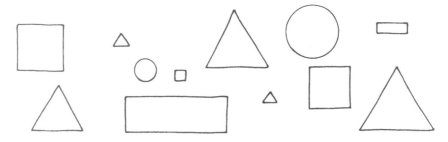

8. a) Trace en rouge tous les cercles que tu découvres.

   b) Trace en vert tous les carrés.

   c) Trace en jaune tous les triangles.

   d) Trace en bleu tous les rectangles.

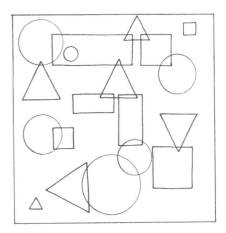

ACTIVITÉ **11**

MATHÉMATIQUE

Notions révisées

- Les formes géométriques
- Les solides

OBJECTIFS	STRATÉGIES
GÉOMÉTRIE	
Décomposer un solide et le reconstituer.	Construire des solides.
Identifier des frontières et des régions dans un plan.	Se servir du jeu du *tangram*.

CONSEIL PRATIQUE

La comparaison entre les dimensions d'objets différents pose parfois des problèmes à l'enfant. Habituez-le à observer des choses qui l'entoure. Exemples : cette table à pique-nique est-elle plus longue ou moins longue que notre table de cuisine ? Ont-elles toutes les deux la même forme ? Ce sapin est-il plus haut ou moins haut que ce bouleau. Ont-ils la même forme ?

A C T I **11** I T É

FAISONS DE LA GÉOMÉTRIE

Des jeux amusants

Construis ce casse-tête nommé *tangram*.

1. a) Découpe les morceaux.

   b) Place les morceaux dans l'espace ci-dessous.

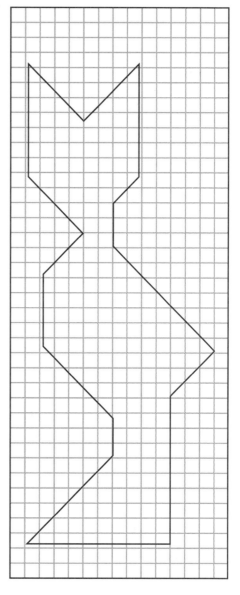

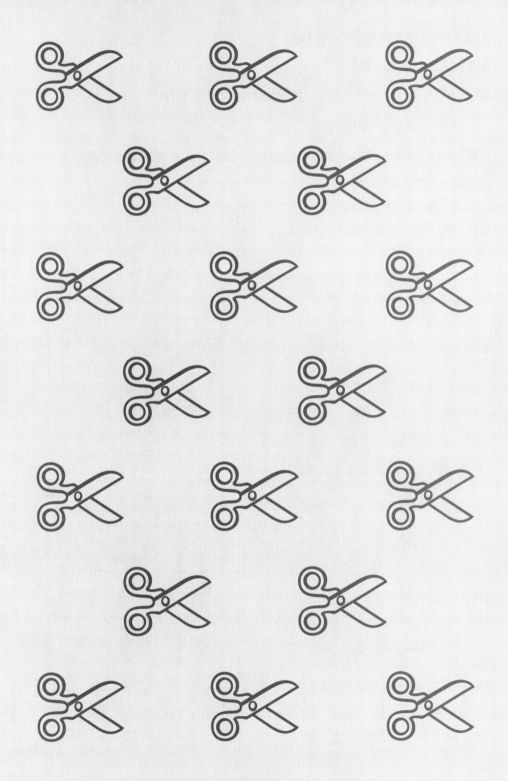

2. Regarde les solides de la colonne de gauche. Découpe les développements des solides de la colonne de droite. Tu pourras ainsi construire les solides de la colonne de gauche.

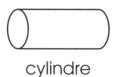

cylindre

cube

pyramide

prisme rectangulaire

cône

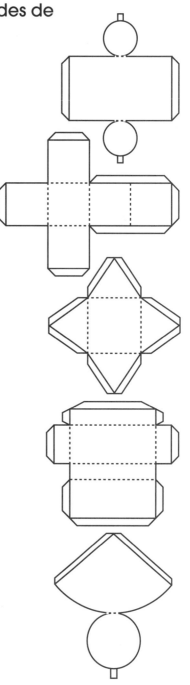

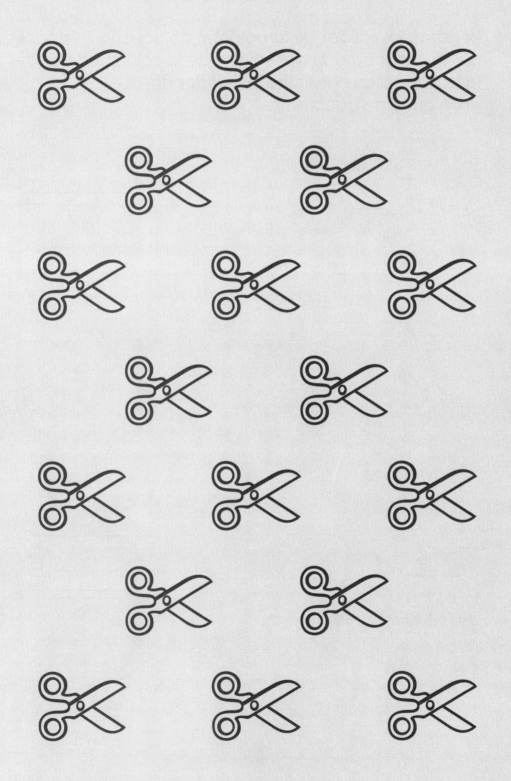

C O R R I G É

MATHÉMATIQUE

Activité 1

Calculons ensemble

1. b) Sur terre : ballons, bicyclette, corde à danser, camion. Dans l'eau : bouée de sauvetage, ballons, petit canard. ; c) le ballon, parce qu'il appartient aux deux sous-ensembles ; d) 4, 4 ; e) au choix.

2. dessin.

3. dessin.

4. 7, 8, 9 ; 4, 5, 6 ; 1, 2, 3 ; 3, 4, 5 ; 8, 9, 10 ; 2, 3, 4.

5. a) 8, 9, 10 ; b) 1, 4, 6, 7 ; c) 1, 2, 3, 5, 7 ; d) 1, 2, 4, 5, 8, 10 ; e) 2, 3, 5, 6, 7, 8, 9.

Faisons de la géométrie

1. a) Émilie, 1 ; Philippe, 2 ; Marie, 8 ; Marc, 7 ; Kim, 4. b) Marie ; c) Émilie ; d) 1, 2, 4, 7, 8.

Mesurons ensemble

réponses variables.

Activité 2

Calculons ensemble

1. 1, 2, 3, 4, 5, 6, 7, 8, 9, 10, 11, 12, 13, 14, 15, 16, 17, 18, 19, 20.

2. a) Cocotte = 7, Coquette = 5, Grisette = 9, Blanchette = 10, Finesse = 6.
   b) Blanchette.

3. a) $4 + 3 = 7$; b) $2 + 2 = 4$; c) $4 + 6 = 10$.

4. a) $4 + 8 = 12$; b) $3 + 9 = 12$; c) $6 + 7 = 13$; d) $4 + 9 = 13$.

5. $12 - 8 = 4$; $13 - 7 = 6$.

Faisons de la géométrie

1. dessins.

2. a et c.

Activité 3

Calculons ensemble

2. a) $10 + 10 + 1 = 21$; b) $10 + 10 + 9 = 29$.

3. a) maman : $5 + 5 = 10$; papa : $6 + 3 = 9$; moi : $7 + 3 = 10$; bébé : $7 + 2 = 9$.
   b) $9 + 10 + 10 + 9 = 38$.

4. papa → un sandwich, carottes, jus, céleri, olives ; maman → sandwich, céleri, jus ; moi → sandwich, jus ; bébé → carottes, jus.

5. a) 10 – 5 = 5 ; b) 9 – 2 = 7 ; c) 9 – 9 = 0 ; d) 10 – 1 = 9.

Mesurons ensemble

1. un réfrigérateur > ; une boite à lunch < ; une boîte de jus < ; une table à pique-nique > ; un sandwich <.

Faisons de la géométrie

1. olives → cercle ; sandwich → carré ; céleri → rectangle ; concombre → rectangle.

Activité 4

Calculons ensemble

1. 7 + 2 = 9.

2. 4 + 5 = 9 ; 3 + 6 = 9 ; 7 + 2 = 9 ; 8 + 1 = 9 (ou : 5 + 4 = 9 ; 6 + 3 = 9 ; 2 + 7 = 9).

3. F, F, F, F.

4. a) 13 + 14 = 27 ; b) 15 + 12 = 27.

5. 31, 32, 33, 34, 35, –, 37, 38, 39 ; 41, 42, 43, 44, –, 46, 47, 48, 49.

6. a) 46 – 29 = 17 ; b) 37 – 19 = 18 ; c) 28 – 19 = 9.

Mesurons ensemble

1. un couteau de cuisine < ; une pomme < ; un téléviseur < ; une table >.

2. réponses variables.

Faisons de la géométrie

1. a) boîte de pommes rectangulaire, tronc d'arbre ; b) pommes, ballon, citrouille, boule de crème glacée ; c) boîte à lunch carrée, livre ou herbier ; d) tente, cornet de crème glacée.

Activité 5

Calculons ensemble

1. a) 51, 52, 53, 54 ; 57, 58, 59, 60 ; 62, 63, 64, 65 ; 67, 68 ; 70, 71, 72 ; 75, 76, 77, 78, 79 ; b) 56 ; c) 70 ; d) 69 ; e) 72 ; f) 77.

2.

+	8	7	5	4
2	10	9	7	6
4	12	11	9	8
5	13	12	10	9

+	7	9	3	4
4	11	13	7	8
5	12	14	8	9
2	9	11	5	6

–	7	8	9	6
2	5	6	7	4
3	4	5	6	3
1	6	7	8	5

3. a) 14 = 7 + 7 ; b) 14 > 13 ; c) 7 + 3 < 8 + 6 ; d) 10 > 2 ; e) 20 = 20.

4. réponses variables.

5. a) 6 + 8 = 14 ; b), c) réponses variables ; d) 6 + 7 = 13 ; e), f) réponses variables.

Faisons de la géométrie

1. a) dessin ; b) 24.

2. dessin.

Activité 6

Calculons ensemble

1. 50 – 51 – 52 – 53 – 54 – 55 – 56 – 57 – 58 – 59 – 60 – 61 – 62 – 63 – 64 – 65 – 66 – 67 – 68 – 69 – 70 – 71 – 72 – 73 – 74 – 75 – 76 – 77 – 78 –79 – 80.

2. 80 – 79 – 78 – 77 – 76 – 75 – 74 – 73 – 72 – 71 – 70 – 69 – 68 – 67 – 66 – 65 – 64 – 63 – 62 – 61 – 60 – 59 – 58 – 57 – 56 – 55 – 54 – 53 – 52 – 51 – 50.

3. a) 59, 60, 61 ; b) 58, 59, 60, 61 ; c) 67, 68, 69, 70 ; d) 69, 70, 71, 72 ; e) 61, 62, 63, 64, 65, 66, 67, 68 ; f) 74, 75, 76, 77, 78, 79.

4. a) papa : 19 + 15 + 12 + 14 + 18 = 78 ; maman : 17 + 16 + 11 + 12 + 21 = 77 ; mon frère : 8 + 15 + 22 + 29 + 6 = 80 ; moi : 20 + 40 + 0 + 14 + 5 = 79. b) papa, rouges : 19 ; papa, bleues : 15 ; maman, vertes : 11 ; maman, jaunes : 12 ; mon frère, mauves : 6 ; c) mon frère ; d) maman ; e) moi.

5. a) 23 + 18 + 5 = 46 ;
   b) 50 – 33 = 17 ;
   c) 25 – (11 + 12) = 25 – 23 = 2.

6.

+	5	7
4	9	11
5	10	12
6	11	13

–	14	10
7	7	3
8	6	2
9	5	1

–	4	9
3	1	6
4	0	5
5	-1	4

Faisons de la géométrie

1. a) dessin ; b) carré, rectangle, triangle, cercle ; c) carré : 4 ; triangle : 3 ; rectangle : 4 ; cercle : 0.

Activité 7

Calculons ensemble

1. a)

+	7	6	5
8	15	14	13
9	16	15	14
7	14	13	12

b)

–	3	4	5
15	12	11	10
16	13	12	11
14	11	10	9

2. a) réponses variables ; b) réponses variables ; c) réponses variables ; d) 60, 61, 62, 63, 64.

3. a) 45 – (5 + 4 + 8) = 45 – 17 = (40 + 5) – (10 + 7) = (30 + 15) – (10 + 7) = 20 + 8 = 28 ;
   b) 45 – 23 = (40 + 5) – (20 + 3) = 22.

4. a) 6 ; b) 7 ; c) 8 ; d) 9 ; e) 10 ; f) 11 ; g) 12 ; h) 13 ; i) 14.

5. a) 7 ; b) 8 ; c) 9 ; d) 10 ; e) 11 ; f) 12 ; g) 13 ; h) 14 ; i) 15.

6. dessin.

Faisons de la géométrie

1. cube ; cylindre ; cône ; prisme à base rectangulaire ; pyramide à base carrée ; sphère.

Mesurons ensemble

1. a) > ; b) < ; c) <.

2. dessin.

Activité 8

Calculons ensemble

1. dessin.

2. a) 81 ; b) 92 ; c) 87.

3. 81, 87, 92.

4. a) 45 – 35 = 10 ; 75 – 45 = 30 ; b) 35 + 35 = 70 ➜ oui ; 45 + 45 + 45 = 135 ➜ non.

5.

–↱	5	6	7
12	7	6	5
14	10	9	8
18	13	12	11

Mesurons ensemble

1. a) m ; b) m ; c) m ; d) dm ; e) cm ; f) cm.

Faisons de la géométrie

1. dessin.

2. dessin.

Activité 9

Calculons ensemble

1. a) 81 à 100 ; b) 1 à 19 ; c) 38 à 62.

2. a) 35 ; b) 40 ; c) 30 ; d) 50 ; e) 55 ; f) 35 – 30 = 5 ; g) 55 – 40 = 15 ; h) Marie, Joe, Louis, Francis, Émilie.

3. Émilie, 50 ; Francis, 50 – 10 = 40 ; Joe, 50 ; Marie, 25 + 50 = 75 ; Louis, 0.

4. a) 23, 25, 27, 29 (+2) ; b) 40, 45, 50, 55 (+5) ; c) 18, 19, 20, 21, 22, 23, 24, 25 (+1) ; d) 47, 49, 50, 52 (+1...., + 2..) ; e) 50, 53, 56, 59, 62, 65, 68, 71 (+3).

5. *dans l'eau* : truite, crabe ; *sur terre* : chat, chien, caille, rhinocéros, poule, autruche ; *dans l'eau et sur terre* : tortue, grenouille.

Faisons de la géométrie

1. dessin

2. réponses variables.

Activité 10

Calculons ensemble

1. a) 60 – 62 – 64 – 66 – ... 100 ; b) 60 – 63 – 66 – 69 – ... 99.

2. a) 42 + 15 > 50 ; b) 53 + 22 > 34 ; c) 65 + 24 > 67 ; d) 35 + 29 < 69 ; e) 48 + 48 > 38.

3. a) 54 – 23 < 40 ; b) 88 – 21 > 59 ; c) 86 – 33 < 60 ; d) 78 – 42 < 90 ; e) 22 – 6 > 10.

4. 34 + 18 = (30 + 4) + (10 + 8) = 40 + 12 = 52 ;
   42 + 28 = (40 + 2) + (20 + 8) = 60 + 10 = 70.

5. 28 + 15 = 43 ; 12 + 39 = 51 ; 16 + 44 = 60 ; 33 + 29 = 62 ; 57 + 27 = 84.

6.

↴	49	46	57	64	84	73
18	31	28	39	46	66	55
30	19	16	27	34	54	43
34	15	12	23	30	50	39
29	20	17	28	35	55	44

7. a) 5 triangles ; b) 3 carrés.

8. a) 6 cercles ; b) 4 carrés ; c) 6 triangles ; d) 3 rectangles.

Activité 11

Faisons de la géométrie

1. *tangram* à réaliser.

2. solides à reconstituer.

LEXIQUE

MATHÉMATIQUE

Chiffre : caractère représentant un nombre (c'est un symbole, non une valeur).

Cône : solide à base circulaire terminé en pointe.

Croissant (ordre) : qui augmente du plus petit au plus grand.

Cube : solide à 6 faces carrées.

Cylindre : solide rond, long et droit.

Décroissant (ordre) : qui décroît, qui diminue du plus grand au plus petit.

Diagramme de Euler-Venne : tableau d'organisation de données.

Ensemble : réunion d'éléments formant un tout.

Espace : étendue dans laquelle on se trouve.

Estimer : déterminer la valeur, évaluer.

Face : chacune des surfaces d'un solide.

Frontière : limite qui sépare une chose d'une autre.

Géométrie : science mathématique qui étudie les relations entre points, droites, courbes, surfaces et volume de l'espace.

Graphique : représentation de données sur un tableau à deux entrées (entrée verticale et entrée horizontale).

Mesurer : action de déterminer la dimension (longueur et largeur) par rapport à une grandeur constante.

Nombre : notion fondamentale des mathématiques qui permet de dénombrer (de compter des unités).

Nombres naturels : ensemble des nombres compris entre 0 et l'infini (ne comprend pas les fractions).

Numération : action de compter, de dénombrer.

Opération : en calcul, les quatre opérations sont l'addition, la soustraction, la multiplication et la division.

Plan : surface renfermant des droites qui s'entrecoupent.

Propriété : ce qui est le propre, la qualité particulière.

Séquence : éléments qui se suivent de façon ordonnée.

Solide : en géométrie, nom attribué aux objets de trois dimensions (cube, cône, cylindre, prisme rectangulaire, prisme à base carrée, pyramide à base carrée, sphère).

Sphère : surface fermée dont tous les points sont à la même distance du centre (une balle est une sphère).

Suite : série de choses rangées.

Unité métrique : unité ayant pour base le mètre.